ICS 29.020
K 04
备案号：44904-2014

NB

中华人民共和国能源行业标准

NB / T 41006 — 2014

低压有源无功综合补偿装置

Low-voltage active integrative var compensator

2014-03-18发布　　2014-08-01实施

国家能源局　发布

目　　次

前　言

本标准按照 GB/T 1.1—2009 给出的规则起草。

请注意本标准的某些内容可能涉及专利。本标准的发布机构不承担识别这些专利的责任。

本标准附录 A 为资料性附录。

本标准由全国电压电流等级和频率标准化技术委员会提出并归口。

本标准主要起草单位：长沙威胜能源产业技术有限公司、中机生产力促进中心、中国电力科学研究院、北京英博电气股份有限公司、中国南方电网有限责任公司超高压输电公司、武汉国测科技股份有限公司、中铁上海设计院集团有限公司、国网河南省电力公司、西安爱科赛博电气股份有限公司、西安博宇电气有限公司、株洲变流技术国家工程研究中心有限公司、国网山西省电力公司电力科学研究院、时代集团公司、荣信电力电子股份有限公司。

本标准主要起草人：金维宇、林海雪、张苹、张昊、邓名高、肖遥、卜正良、罗利平、陈栋新、许强、刘军成、谭胜武、陈岗、王金浩、陈敏、张凡勇。

低压有源无功综合补偿装置

1 范围

本标准规定了低压有源无功综合补偿装置的适用环境、技术要求、试验方法、检验规则、标志、包装、运输和储存等内容。

本标准适用于50Hz交流，1kV及以下电压等级配电系统的有源无功综合补偿装置。

2 规范性引用文件

下列文件对于本文件的应用是必不可少的。凡是注日期的引用文件，仅所注日期的版本适用于本文件。凡是不注日期的引用文件，其最新版本（包括所有的修改单）适用于本文件。

GB/T 3768 声学 声压法测定噪声源声功率级 反射面上方采用包络测量表面的简易法

GB 4208 外壳防护等级（IP代码）

GB/T 15576—2008 低压成套无功功率补偿装置

GB/T 16927.1 高电压试验技术 第1部分：一般定义及试验要求（GB/T 16927.1—2011，IEC 60060-1：2010，MOD）

GB/T 17626.2 电磁兼容 试验和测量技术 静电放电抗扰度试验（GB/T 17626.2—2006，IEC 61000-4-2：2001，IDT）

GB/T 17626.3 电磁兼容 试验和测量技术 射频电磁场辐射抗扰度试验（GB/T 17626.3—2006，IEC 61000-4-3：2002，IDT）

GB/T 17626.4 电磁兼容 试验和测量技术 电快速瞬变脉冲群抗扰度试验（GB/T 17626.4—2008，IEC 61000-4-4：2004，IDT）

GB/T 17626.5 电磁兼容 试验和测量技术 浪涌（冲击）抗扰度试验（GB/T 17626.5—2008，IEC 61000-4-5：2005，IDT）

GB/T 17626.6 电磁兼容 试验和测量技术 射频场感应的传导骚扰抗扰度（GB/T 17626.6—2008，IEC 61000-4-6：2006，IDT）

GB/T 17799.2 电磁兼容 通用标准 工业环境中的抗扰度试验（GB/T 17799.2—2003，IEC 61000-6-2：1999，IDT）

GB 17799.4 电磁兼容 通用标准 工业环境中的发射（GB 17799.4—2012，IEC 61000-6-4：2011，IDT）

NB/T 20019 核电厂安全级仪表和控制设备电子元器件老化筛选和降额使用规定

3 术语和定义

下列术语和定义适用于本标准。

3.1

低压有源无功综合补偿装置 low-voltage active integrative var compensator

在低压配电系统中，一种基于变流器技术，主要用于动态无功补偿，兼顾谐波、闪变和三相不平衡一种或多种补偿的装置（以下简称“装置”）。

3.2

单次谐波电流补偿率 single harmonic current compensation ratio

装置接入点处，装置接入后电网侧被补偿的 h 次谐波电流量与装置接入前电网侧的 h 次谐波电流量之比，用百分数表示。

$$K_h = \left(\frac{I_h - I'_h}{I_h} \right) \times 100\% \tag{1}$$

式中：

I'_h——接入装置后，电网侧 h 次谐波电流的方均根值，单位为安，A；

I_h——接入装置前，电网侧 h 次谐波电流的方均根值，单位为安，A。

3.3

总谐波电流补偿率　**total harmonic current compensation ratio**

装置接入点处，装置接入后电网侧被补偿的总谐波电流量与装置接入前电网侧的总谐波电流量之比，用百分数表示。

$$K_{\mathrm{T}} = \left(\frac{\sqrt{\sum_{h=2}^{n} I_h^2} - \sqrt{\sum_{h=2}^{n} I_h'^2}}{\sqrt{\sum_{h=2}^{n} I_h^2}} \right) \times 100\% \tag{2}$$

$$K_{\mathrm{T}} = \left(\frac{\sqrt{\sum_{h=2}^{n} I_h^2} - \sqrt{\sum_{h=2}^{n} I_h'^2}}{\sqrt{\sum_{h=2}^{n} I_h^2}} \right) \times 100\% \tag{3}$$

3.4

基波负序电流补偿率　**negative sequence fundamental current compensation ratio**

装置接入点处，装置接入后电网侧被补偿的基波负序电流的方均根值与装置接入前电网侧基波负序电流的方均根值之比，用百分数表示。

$$K_{\mathrm{f2}} = \left(\frac{I_{\mathrm{f2}} - I'_{\mathrm{f2}}}{I_{\mathrm{f2}}} \right) \times 100\% \tag{4}$$

式中：

I'_{f2}——接入装置后，电网侧补偿后的基波负序电流的方均根值，单位为安，A；

I_{f2}——接入装置前，电网侧补偿前的基波负序电流的方均根值，单位为安，A。

3.5

基波零序电流补偿率　**zero sequence fundamental current compensation ratio**

装置接入点处，装置接入后电网侧被补偿的基波零序电流的方均根值与装置接入前电网侧基波零序电流的方均根值之比，用百分数表示。

$$K_{\mathrm{fz}} = \left(\frac{I_{\mathrm{fz}} - I'_{\mathrm{fz}}}{I_{\mathrm{fz}}} \right) \times 100\% \tag{5}$$

式中：

I'_{fz}——接入装置后，电网侧补偿后的基波零序电流的方均根值，单位为安，A；

I_{fz}——接入装置前，电网侧补偿前的基波零序电流的方均根值，单位为安，A。

3.6

闪变补偿率　**flicker compensation ratio**

装置投入前后，对波动无功负荷造成的接入点闪变的改善程度，用百分数表示。

$$K_{\mathrm{fi}}=\left(\frac{P_{\mathrm{st}}-P'_{\mathrm{st}}}{P_{\mathrm{st}}}\right)\times 100\% \qquad (6)$$

式中：

P'_{st}——装置投入运行后短时闪变的95%概率大值；

P_{st}——装置投入运行前短时闪变的95%概率大值。

3.7

响应时间　**response time**

设备在正常运行过程中，从被控量发生突变开始，到达到90%控制目标（设备的输出量从零到额定输出）所需要的时间。如图1所示。

注1：被控量指一个或多个电能质量参数。

注2：控制目标指被控量要达到的目标值。

注3：镇定时间指从被控量突变开始到达到控制目标允许范围内所需要的时间。

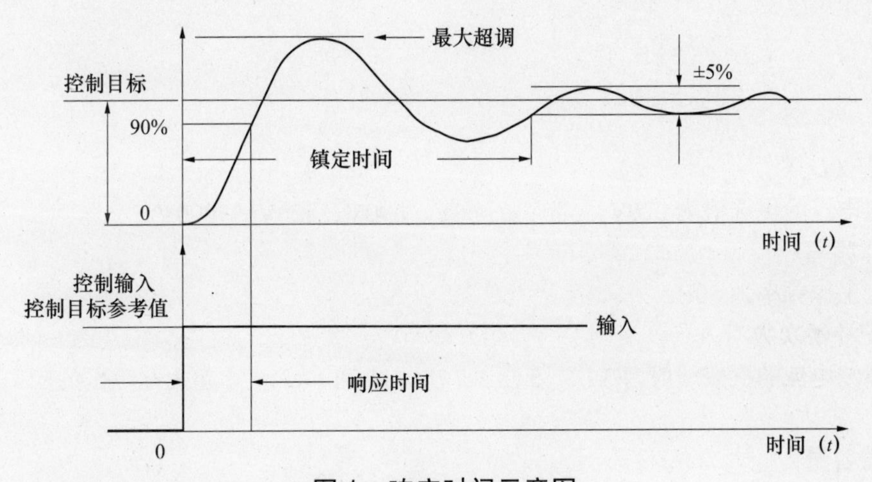

图1　响应时间示意图

3.8

额定补偿电流　**rated compensation current**

在额定频率和额定电压下，装置进行综合补偿时能够长期稳定运行的最大输出电流的方均根值。

3.9

额定补偿容量　**rated compensation capacity**

在额定频率和额定电压下，装置进行综合补偿时额定补偿电流与额定电压的乘积。

4　适用环境

4.1　气象环境

4.1.1　海拔

海拔为2000m及以下。

注：对于在海拔高于2000m处使用的装置，应参照相关标准进行修正。

4.1.2　环境温度

户内装置：−5℃～+40℃。

户外装置：−25℃～+40℃。

注：如在高温或严寒地区使用装置，供货商与用户之间需要达成一个专门的协议。

4.1.3 湿度

环境湿度不超过 95%。

4.1.4 地震烈度

地震烈度不大于 8 度。

4.2 电气环境

4.2.1 适用电压范围

装置的适用电压范围为（1±15%）U_n（U_n表示额定电压）。

4.2.2 适用频率

装置的适用频率范围为 50Hz±1Hz。

4.2.3 适用电压不平衡度

装置的制造厂商应根据其制造装置的特性提出装置的适用电压不平衡度范围，该范围的上限不应低于 5%。

4.3 安装场所条件

安装场所不应有损坏绝缘和腐蚀金属的有害气体及蒸汽，不应有导电性、爆炸性的气体或尘埃，安装倾斜度不大于 5%。

5 技术要求

5.1 额定值

5.1.1 额定电压（U_n）

装置的额定电压的优选值为 220V、380V、660V、690V、820V、1000V。

5.1.2 额定工作频率

装置的额定工作频率为 50Hz。

5.1.3 谐波电流补偿次数

装置补偿谐波电流的次数一般为 3 次、5 次、7 次、11 次、13 次，超出此范围的应由用户与供货商商定。

5.1.4 额定补偿容量

装置的额定补偿容量优选为 50kvar、100kvar、150kvar、200kvar、300kvar、400kvar、500kvar。其他的额定补偿容量应由用户与供货商商定。

5.2 外观

5.2.1 装置及装置内金属部件的外表面宜有良好的防腐蚀层，且色泽均匀，无明显的流痕、划痕、凹陷、污垢、防腐蚀层脱落和锈蚀等缺陷。

5.2.2 标志应清晰、准确。

5.3 元器件及辅件

5.3.1 装置的主要元器件应符合其本身的技术条件，并附有产品合格证明。

5.3.2 电气元件的额定电压、额定电流、使用寿命、分断能力、抗短路承受能力等应满足装置电气参数的要求。

5.3.3 母线连接应紧固、接触良好。母线之间或母线与电气元件端子连接处应采取防电化腐蚀的措施，并保证载流件间的连接有足够的持久压力且不得使母线受力而永久变形。母线的材料连线和布置方式以及绝缘支撑件宜满足装置的预期短路耐受电流的要求。

5.3.4 母线相序安装从装置正面观察，相序标识及排列安装宜如表 1 所示。

表1 相序标识及排列

相序	标识	垂直安装	水平安装	前后安装
L1	L1 或黄色	左	上	远
L2	L2 或绿色	中	中	中
L3	L3 或红色	右	下	近
中性线	N	最右	最下	最近

5.3.5 控制电路的布线不应贴近具有不同电位的裸露带电部位或有尖角的边缘敷设，导线应采用适当的支撑或装入走线槽内。导线连接应固定在接线端子上，导线中不允许有中间接头，所有连接点应牢固、接触良好并有足够的持久力。连接至活动部件（如门）上的电气元件的导线应采用多股铜芯绝缘导线。一个接线端子一般只能连接一根导线。绝缘导线的额定电压不得低于相应电路的额定工作电压。

5.4 外壳防护等级

户内用的防护等级不低于 IP3X；

户外用的防护等级不低于 IP54。

注：当需将装置安装在不符合上述规定的条件下使用时，其要求由设备供货商与购买方协商确定。

5.5 电气间隙与爬电距离

正常使用条件下，装置内裸露带电导体之间及它们与外壳之间的电气间隙与爬电距离应不小于表 2 的规定。

表2 电气间隙和爬电距离

额定绝缘电压 U_i V	电气间隙 mm	爬电距离 mm
$U_i \leqslant 60$	5	5
$60 < U_i \leqslant 300$	6	10
$300 < U_i \leqslant 690$	10	14
$690 < U_i \leqslant 800$	16	20
$800 < U_i \leqslant 1000$（或 1140）	18	24

5.6 绝缘强度

5.6.1 绝缘电阻

带电体之间，带电体与裸露导电部件之间，以及带电体对地的绝缘电阻不小于（1000Ω/V）（标称电压）。

5.6.2 工频耐压

主电路和与主电路直接相连的辅助电路应能耐受表 3 规定的工频耐压试验电压。

表3 试验电压值 V

额定电压 U_i	试验电压（方均根值）
$U_i \leqslant 60$	1000
$60 < U_i \leqslant 300$	2000

表 3（续）

V

额定电压 U_i	试验电压（方均根值）
300＜ U_i ≤690	2500
690＜ U_i ≤800	3000
800＜ U_i ≤1000（或 1140）	3500

不与主电路直接连接的辅助电路应能耐受表 4 规定的工频耐压试验电压。

表 4　不与主电路直接连接的辅助电路的试验电压值

V

额定电压 U_i	试验电压（方均根值）
U_i ≤12	250
12＜ U_i ≤60	500
U_i ＞60	2 U_i +1000，但不小于 1500

5.6.3　冲击耐压

装置的每个带电部件（包括连接在主电路上的控制电路和辅助电路）和内连的裸露导电部件之间、主电路的每个相和其他相之间、主电路和外壳之间应能承受表 5 中所规定的电压值（试验电压是波前时间 T_1 为 1.2μs、半波峰值时间 T_2 为 50μs 的标准雷电冲击全波），在不同的海拔高度下，对应的额定冲击耐压由表 6 选定。

注 1：试验地点在表内的海拔高度时，应根据表 6 选择对应的试验电压值。

注 2：不同额定电压等级的装置应先根据表 5 确定冲击耐压试验值，再根据表 6 找到对应的额定冲击耐受电压。

5.7　电磁兼容

5.7.1　发射水平要求

设备产生的骚扰电平应满足 GB 17799.4 的规定要求。

5.7.2　抗扰度水平要求

设备的外壳、电源、信号、功能接地等端口的抗扰度性能在 GB/T 17799.2 规定的环境条件及相应的骚扰电平下，应能满足 GB/T 17799.2 规定的性能判据要求。

表 5　冲击试验的耐压

V

从交流或直流标称电压导出线对中性点电压（小于或等于）	三　　相		单　　相		额定冲击电压
	三相四线系统中性点接地（相电压/线电压）	三相三线系统接地或不接地	单相二线系统交流或直流	单相三线系统交流或直流	
50			12.6，24，25，30，42，48	30～60	1500
100	66/110	66	60		2500
150	127/220	115，120，127	110，120	110～220，120～240	4000
300	220/380，230/400，240/415，417/720，480/830	220，230，240，260，277	220	220～440	6000

表 5（续）

从交流或直流标称电压导出线对中性点电压（小于或等于）	三相		单相		额定冲击电压
	三相四线系统中性点接地（相电压/线电压）	三相三线系统接地或不接地	单相二线系统交流或直流	单相三线系统交流或直流	
600	347/415，380/660，400/690，417/720，480/830	347，380，400，415，440，480，500，577，600	480	480～960	8000
1000		660，690，720，830，1000	1000		12 000

表 6　不同海拔高度下的冲击试验的耐压

kV

额定冲击耐受电压 U_{imp}	试验电压和相应的海拔									
	$U_{1.2/50}$ 交流峰值					交流方均根值				
	海平面	200m	500m	1000m	2000m	海平面	200m	500m	1000m	2000m
0.33	0.36	0.36	0.35	0.34	0.33	0.25	0.25	0.25	0.25	0.23
0.5	0.54	0.54	0.53	0.52	0.5	0.38	0.38	0.38	0.37	0.36
0.8	0.95	0.9	0.9	0.85	0.8	0.67	0.64	0.64	0.6	0.57
1.5	1.8	1.7	1.7	1.6	1.5	1.3	1.2	1.2	1.1	1.06
2.5	2.9	2.8	2.8	2.7	2.5	2.1	2.0	2.0	1.9	1.77
4	4.9	4.8	4.7	4.4	4	3.5	3.4	3.3	3.1	2.83
6	7.4	7.2	7	6.7	6	5.3	5.1	5.0	4.75	4.84
8	9.8	9.6	9.3	9	8	7	6.8	6.6	6.4	5.66
12	14.8	14.5	14	13.3	12	10.5	10.3	10.0	9.5	8.48

5.8　噪声

装置正常运行时产生的噪声应不大于声压级 70dB（A 声级）[大容量风冷设备需要高于 70dB（A）时，制造商应与用户协商]。

5.9　温升

装置的温升限值不超过 GB/T 15576—2008 中表 2 所规定的极限值。

5.10　安全与保护

5.10.1　安全防护

5.10.1.1　对直接触电的防护

装置应具有防直接触电的措施。装置的裸露导电部件应利用挡板或外壳进行防护（防护板应有触电警示标识），挡板或外壳应固定牢靠。在需要移动、打开外壳或拆卸时，应有断电连锁的钥匙或工具的机构。

5.10.1.2　对间接触电的防护

应用可靠的接地保护电路进行防护，保护电路可通过单独装设保护导体或利用装置的结构部件（或二者都有）来完成。

5.10.1.3　切除后直流母线残余电压（若有）

装置从电网切除 3min 后，直流母线上的残余电压不应超过 36V。

注：参照 GB/T 15576—2008 第 6.9.8 条规定执行。

5.10.2 保护功能

5.10.2.1 过电流保护

当装置输出电流超过装置的补偿输出能力时，应能控制装置按最大能力输出，并可长期工作；若装置输出电流超过过电流保护设定值时，装置应能自动闭锁，停止工作，并发出报警指示。

5.10.2.2 过、欠电压保护

装置应具备供电电压过压、欠压保护功能，当供电电压大于或者小于设定值时，装置应能发出相应报警信息，同时装置停止工作。

5.10.2.3 直流母线过压保护（若有）

装置应具备直流母线过压保护功能，当直流母线电压大于设定值时，装置应能发出相应报警信息，同时装置停止工作。

5.10.2.4 过热保护

装置应具备功率模块和装置过热保护功能，当功率模块和装置的温度达到各自的设定值时，装置应能发出相应报警指示，同时将装置停止工作。

5.10.2.5 内部短路保护

装置应具备内部短路保护功能，当装置内部短路时，装置应能跳闸并发出相应报警指示，同时装置停止工作。

5.11 性能指标

5.11.1 功率因数

当装置的输出电流不大于额定补偿电流 I_n 时，补偿点补偿后的功率因数应与设定的目标功率因数一致。

5.11.2 谐波电流补偿率

当单独验证装置的谐波电流补偿能力，且装置的输出电流不大于制造厂商给定次数的谐波补偿电流时，装置总谐波电流补偿率 $K_T \geqslant 70\%$，单次谐波补偿率 $K_h \geqslant 80\%$。

5.11.3 基波负序电流补偿率

当单独验证装置的基波负序电流补偿能力，装置的输出电流不大于额定补偿电流 I_n 时，装置基波负序电流补偿率 K_{f2} 的要求参照表 7 的规定。

表 7 基波负序电流补偿率

基波负序电流补偿量 I_{f2}	基波负序电流补偿率 K_{f2}
$0.15I_n < I_{f2} \leqslant 0.4I_n$	$K_{f2} \geqslant 60\%$
$0.4I_n < I_{f2} \leqslant I_n$	$K_{f2} \geqslant 70\%$

5.11.4 基波零序电流补偿率

当单独验证装置的基波零序电流补偿能力，装置的输出电流不大于额定补偿电流 I_n 时，装置基波零序电流补偿率 K_{fz} 的要求参照表 8 的规定。

表 8 基波零序电流补偿率

基波零序电流补偿量 I_{fz}	基波零序电流补偿率 K_{fz}
$0.15I_n < I_{fz} \leqslant 0.4I_n$	$K_{fz} \geqslant 60\%$
$0.4I_n < I_{fz} \leqslant I_n$	$K_{fz} \geqslant 70\%$
注：适用于三相四线制。	

5.11.5 闪变补偿率

在装置额定补偿容量和负载波动无功功率的最大值（模值）之比不小于 1 时，闪变补偿率 K_{fi} 不低于 50%。

5.11.6 功率损耗

额定补偿容量在 150kvar 以内的装置在额定运行时的功率损耗应小于装置额定容量的 3%（kW）；额定补偿容量大于 150kvar 的装置在额定运行时的功率损耗不大于装置额定容量的 2.5%（kW）。

5.11.7 响应时间

装置的响应时间应不大于 20ms。

5.11.8 工作模式

装置可以按照用户需求，对补偿工作模式进行设置。工作模式如表 9 所示。

表 9 工作模式对照表

补偿模式	说　明
补偿无功电流	只对无功电流进行补偿
兼补偿谐波电流	补偿无功电流及对设定次谐波电流进行抑制
兼补偿三相不平衡	补偿无功电流及对影响负载三相不平衡度的基波负序电流进行补偿
全补偿	对无功电流、谐波电流、负序电流、中性线电流等按设定比例要求进行补偿

5.11.9 可靠性要求

装置的元器件可按照 NB/T 20019 中相关条款的要求进行老化筛选。装置应能保证在规定的运行环境和运行条件下，确保其连续可靠地工作。

对于特殊的运行环境和运行条件，应能通过相应的技术措施和设计改进，以满足可靠性要求。

6 试验

6.1 试验条件

6.1.1 试验时的大气条件

标准参考大气条件：温度 20℃，压力 101.3kPa，绝对湿度 11g/m^3。

如果试验大气条件与标准参考大气条件不同，应按照 GB/T 16927.1 规定的大气校正因数将试验结果进行折算。

应记录试验期间实际的空气条件。

6.1.2 试验时的电气环境条件

试验和测量所使用的交流电压应为幅值变化在额定值±15%范围内，频率变化在 50Hz±1Hz 范围内。

6.2 试验方法

6.2.1 外观、电气及结构检查

按本标准 5.2 条、5.3 条的要求用目测和/或仪器测量的方法进行。

6.2.2 绝缘试验

6.2.2.1 绝缘电阻试验

应使用电压至少为 1000V 的绝缘测量仪器进行绝缘测量，测量的部位：

a） 相间；

b） 相导体与裸露的部位之间；

c） 相导体对地之间。

如果带电体之间，带电体与裸露导电部件之间，以及带电体对地的绝缘电阻不小于（1000Ω/V）（标称电压），则此项试验通过。

6.2.2.2 工频耐压试验

装置进行工频耐压试验时，应将功率模块（包括电力电子器件和直流电容器）断开后进行，按本标准 5.6.2 的规定施加试验电压，试验电压分别施加于：

a） 装置的所有带电部件和裸露的导电部件之间；

b） 每个相与为此试验被连接到装置相互连接的裸露导电部件上的所有其他相之间；

c） 每个相与地之间；

d） 每个相与外壳之间。

在进行以上试验时，应使电压从装置额定电压的一半或更低些开始，在 10s～30s 内均匀地升高到所规定的试验电压，并在该电压下保持 1min 的时间。

试验所用的交流电源应具有足够的功率以维持试验电压，此试验电压应为正弦波，频率在 45Hz～62Hz 之间。

在此试验过程中，没有发生击穿或放电现象，则此项试验通过。

6.2.2.3 冲击耐受电压试验

对装置的每个带电部件（包括连接在主电路上的控制电路和辅助电路）和内连的裸露导电部件之间、在主电路的每个相和其他相之间、主电路和外壳之间施加表 5、表 6 中所规定的电压值；

a） 对每个部位施加的试验电压是波前时间 T_1 为 1.2μs、半波峰值时间 T_2 为 50μs 的光滑的雷电冲击全波，3 次，间隔时间至少为 1s；

b） 除有关设备标准另有规定外，实际记录的雷电冲击和标准雷电冲击的规定值之间的容许偏差如下：

——峰值　　　±3%；

——波前时间　±30%；

——半峰值时间 ±20%。

试验过程中，采用 3 次冲击耐受电压试验，即对被试设备施加 3 次额定冲击耐受电压，若不发生破坏性放电，认为试验通过。

6.2.3 保护功能试验

6.2.3.1 过电压、欠电压保护试验

如图 2 所示，将装置连接于调压变压器次级，将变压器二次侧电压调整为 U_n，然后调节调压变压器使其二次侧输出电压小于欠压设定值（该值为额定电压的 85%），装置应能正常报警并输出相应信号。连续三次试验动作正常，试验通过。

将变压器次级电压调整为 U_n，调节调压变压器使其二次侧输出电压超过过电压设定值（该值为额定电压的 115%），装置应能正常报警并输出保护信号、立即停止工作。连续三次试验动作正常，试验通过。

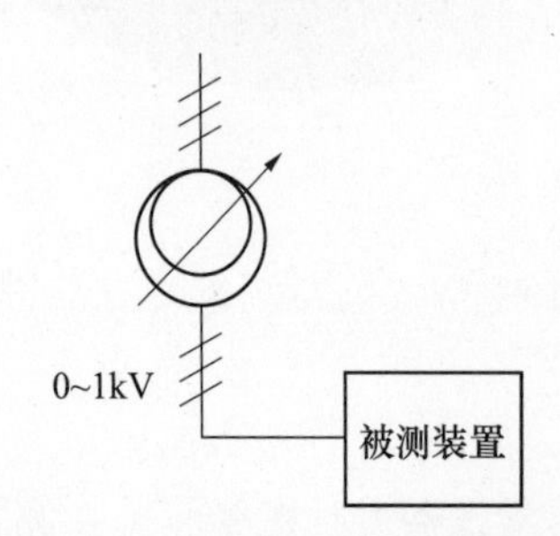

图 2 系统过电压、欠电压保护试验电气连接示意图

6.2.3.2 过热保护试验

在满足 6.1 试验条件下，停止电力电子功率模块冷却系统的工作，当被测温度达到装置设定的保护

温度值时，观察过热保护执行器件的动作，装置应能立即停止工作，并输出告警指示。连续三次试验动作正常，试验通过。

6.2.4 通电机械操作试验

在电源正常送电条件下，装置空载运行时，对电气控制回路各功能进行机械操作 10 次以上，应无误动作。

6.2.5 电磁兼容试验

6.2.5.1 发射水平试验

按照 GB 17799.4 的规定进行发射水平试验。

6.2.5.2 辐射电磁场抗扰度试验

按照 GB/T 17626.3 的规定进行辐射电磁场抗扰度试验。

6.2.5.3 电快速瞬变脉冲群抗扰度试验

按照 GB/T 17626.4 的规定进行电快速瞬变脉冲群抗扰度试验。

6.2.5.4 静电放电抗扰度试验

按照 GB/T 17626.2 的规定进行静电放电抗扰度试验。

6.2.5.5 浪涌抗扰度试验

按照 GB/T 17626.5 的规定进行浪涌抗扰度试验。

6.2.5.6 射频场感应的传导抗扰度试验

按照 GB/T 17626.6 的规定执行进行射频场感应的传导抗扰度试验。

6.2.6 噪声检测

测试按 GB/T 3768 的规定进行，噪声测量值应符合本标准 5.8 中的规定。

6.2.7 补偿性能试验

6.2.7.1 测试点的选择

测试点选择在被补偿的非线性负载的前端或配电系统进线侧，装置并联接入配电系统，三相三线、三相四线电气连接方式分别如图 3a）、b）所示。

6.2.7.2 无功电流补偿试验

按照图 3a）或 b）所示示意图接线，设定装置的工作模式为无功电流补偿模式，调节电能质量扰动源输出基波感性无功电流，通过电能质量分析仪检测补偿前、后系统的功率因数和每相电压、电流的相位关系，当补偿电流需量不大于额定补偿电流 I_n 时，系统补偿后的功率因数，应能满足本标准 5.11.1 的要求。

6.2.7.3 谐波补偿试验

按照图 3a）或 b）所示示意图接线，设定装置的工作模式为谐波补偿模式，调节电能质量扰动功率源输出相应大小和相应次数的谐波电流，通过电能质量分析仪检测补偿前后系统的三相电流的大小、波形、电流各次谐波含有率和谐波电流总畸变率。当补偿电流需量不大于制造厂商给定次数的谐波补偿电流时，总谐波电流补偿率能满足本标准 5.11.2 的要求。

6.2.7.4 基波负序电流试验

按照图 3a）或 b）所示示意图接线，设定装置的工作模式为三相不平衡补偿模式，调节电能质量扰动功率源输出相应基波负序电流，通过电能质量分析仪检测补偿前后系统的三相电流的大小及系统基波负序电流，当补偿电流需量不大于额定补偿电流 I_n 时，基波负序电流补偿率应能满足本标准 5.11.3 的要求。

6.2.7.5 基波零序电流补偿试验

参照图 3b）所示示意图接线，设定装置的工作模式为基波零序电流补偿模式，调节电能质量扰动功率源输出基波零序电流，通过电能质量分析仪检测补偿前后系统的基波零序电流的大小、波形，当补偿电流需量不大于额定补偿电流 I_n 时，基波零序电流补偿率应能满足本标准 5.11.4 所示的性能指标要求。

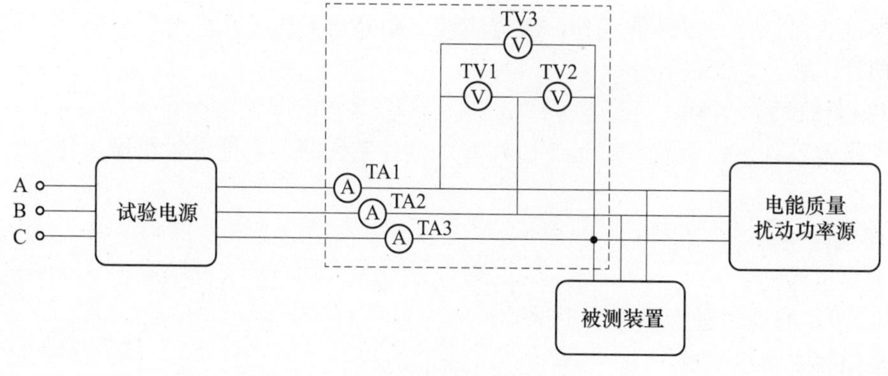

a）三相三线制接线示意图

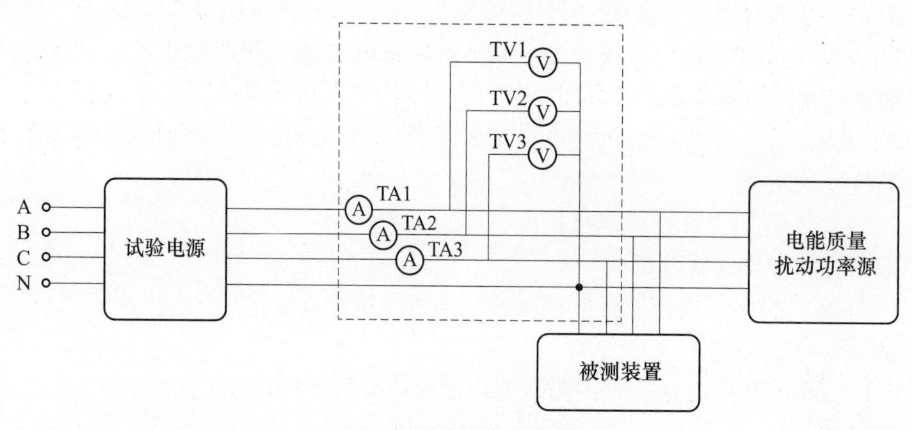

b）三相四线接线示意图

注：虚线框内表示电能质量分析仪。

图 3　补偿性能试验电气接线示意图

6.2.7.6　无功、三相不平衡、谐波全补偿模式

按照图 3a）或 b）所示示意图接线，设定装置的工作模式为无功、不平衡、谐波全补偿模式，调节电能质量扰动功率源输出感性无功基波电流、谐波电流、基波负序、基波零序（如有）等电流，通过电能质量分析仪检测补偿前后系统的功率因数和同相电压电流的相位关系，系统三相电流的大小、波形关系及系统电流不平衡度、电流各次谐波含有率和谐波电流总畸变率等。当装置输出电流不大于额定补偿电流 I_n 时，功率因数、谐波电流补偿率、基波负序电流补偿率、基波零序电流补偿率应分别满足本标准 5.11.1～5.11.4 所示的对应性能指标的要求。

6.2.7.7　闪变补偿率试验

按照图 3a）或 b）所示示意图接线，调节电能质量扰动功率源输出频率 8.8Hz 的周期性等间距的基波无功功率，此波动无功负荷的无功功率最大值不大于装置的额定补偿容量，电能质量分析仪检测被测装置接入点的短时闪变值 P_{st}。装置投入后，闪变补偿率应满足本标准 5.11.5 所规定的要求。

6.2.7.8　响应时间试验

设备在正常运行过程中，调节试验环境使被控量发生突变，检测从被控量阶跃变化开始到达到 90% 控制目标时的时间间隔 T。

当无法采用调节试验环境使被控量发生突变时，给辅助单元的被控量检测回路施加相应被控量阶跃信号模拟被控量发生阶跃变化（主回路在额定电压下运行）。此时，检测从阶跃信号施加瞬间到达到 90% 控制目标时的时间间隔 T。

试验宜做 3 次取平均值。

6.2.8 温升试验

6.2.8.1 试验条件

为防止空气流动和辐射对温升测量的影响，设备应在正常的通风和散热条件下使用。

试验房间应有足够的容积。

6.2.8.2 试验程序

试验应尽可能在设备整体上进行，设备应如同正常使用时一样放置，所有覆板都应就位。不具备整体实验条件时，只有在采取适合的措施使试验具有代表性的情况下允许对设备的单独部件（板、箱、外壳等）进行试验，在各单独电路上进行温升试验，应采用设计所规定的电流类型和频率，各部件与其邻接的部件或结构单元应产生与正常使用时一样的温度条件。此时，可以使用电阻加热器。

在进行温升试验前，应先进行通电操作试验。然后对温升试验的回路通以额定电流（为缩短试验时间，只要设备允许，开始试验时可加大电流，电流提高的数值一般不超过额定电流的 1.25 倍，然后再降到规定的额定电流值）。这个电流可以由设备本身产生，也可由外部电源来供给。试验持续的时间应足以使温度上升到稳定值。当温度变化不超过 1K/h 时，即认为达到稳定温度。

试验应在设备及部位最不利冷却的条件下进行。对于设备中的半导体器件，应测量若干个器件，其中包括冷却条件最差的部件。

6.2.8.3 测量

试验时，测温元件可以使用温度计、热电偶、红外测温计或其他有效方法。设备内部件的温升一般采用热电偶法测量。测量时，将热电偶的热端胶粘固定、或采用钻孔埋入法固定到被试部件的测量点上，并尽可能使热电偶置于强交变磁场的作用范围之外。

对于线圈，通常采用测量电阻变化值的方法来测量温度。为测量设备内部的空气温度，应在适宜的地方配置几个测量器件。

周围空气温度，应在试验周期的 1/4 的时间内测量，测量时至少用两支温度计或热电偶，均匀地布置在设备的周围（高度为设备的 1/2，距设备外壳 1m），测量后取各测量点读数的平均值。

6.2.8.4 试验结果评定

温升试验结束时，温升不应超过 GB/T 15576－2008 中表 2 所规定的极限值或相关设备标准的规定值。设备内部电器元件在规定的电压范围内应能良好地工作。

6.2.9 功率损耗测定

6.2.9.1 测定点的选择

测定点选择在补偿装置和注入点之间。

6.2.9.2 试验方法

在满足 6.1 试验条件下，使装置输出额定电流，测量装置消耗的有功功率，装置消耗有功功率测量值与装置的额定容量的比值应能满足本标准 5.11.6 的要求。

6.2.10 稳定性能试验

装置在满足本标准 6.2.7.2 试验条件下，保持额定电流输出的情况下连续运行 72h 无故障，则此项试验通过。

6.2.11 防护等级测定

在正常的室温下，装置的防护等级应能满足本标准 5.4 中的要求，具体测试方法按照 GB 4208 的要求执行。

7 检验规则

7.1 检验分类

检验分为型式试验、出厂试验和交接试验。

7.2 型式试验

装置的型式试验按本标准中表 10 所规定的全部项目进行试验。

在下述情况下均应进行型式试验：

——新产品设计定型鉴定；

——装置在结构、工艺或主要材料上改变有可能影响其符合本标准的规定；

——批量生产的装置，停产一年以上又重新投产；

——国家质量监督机构提出进行型式检验要求时；

——产品正常生产时间 5 年以上时。

7.3 出厂试验

装置的出厂试验由制造厂技术检验部门对生产的每个产品进行检验，检验合格后应加封印，填写检验记录并签发合格证明。出厂试验项目见表 10。

7.4 交接试验

装置的交接试验是装置在安装现场投运前所需进行的试验，按本标准表 10 的规定对交接验收项目进行检验。

7.5 验收检验

由检定机构对产品按本标准表 10 规定的验收项目进行检验。

表10 试 验 项 目

序号	试验项目	本标准条款		型式试验	出厂试验	交接试验
		技术要求	试验方法			
1	外观检验	5.2	6.2.1	√	√	√
2	元器件检验	5.3	6.2.1	√	√	
3	绝缘检验	5.5～5.6	6.2.2	√	√	√
4	保护有效性检验	5.10	6.2.3	√	√	√
5	通电操作检验	5.3；5.9	6.2.4	√	√	√
6	电磁兼容试验	5.7	6.2.5	√		
7	噪声测试	5.8	6.2.6	√		
8	补偿性能试验	5.11.1～5.11.5	6.2.7.1～6.2.7.7	√		√
9	响应时间试验	5.11.7	6.2.7.8	√		
10	温升试验	5.9	6.2.8	√		
11	功率损耗测定	5.11.6	6.2.9	√		
12	稳定性能试验	5.11.9	6.2.10	√		
13	防护等级测定	5.4	6.2.11	√		

8 标志、包装、运输和储存

8.1 标志

应在装置的明显位置标明下列内容：

——装置的型号名称和认证标志；

——制造厂名、商标和产地；

——执行标准；

——出厂编号；

——出厂日期；

——主要参数指标：额定补偿容量、额定电压、额定电流、额定频率等；

——计量单位（如：kV、A、kW、kvar、Hz 等）；

——防护等级；

——外形尺寸，其顺序为长度、宽度、高度；

——质量（kg）。

8.2 包装

8.2.1 设备包装前的检查

设备的附件、备品、合格证和有关技术文件是否齐备；

设备外观无损坏；

设备表面无灰尘。

8.2.2 包装的一般要求

设备应有内包装和外包装，插件插箱的可动部分应锁紧扎牢，包装箱应有防尘、防雨、防震等措施，并有吊装设施及标志。

应随设备提供以下资料：

——装箱单（应详细标明配套设备的数量、型号、制造厂名、出厂编号）；

——合格证（包括配套设备的合格证）；

——用户手册；

——出厂试验报告；

——设备安装图纸。

8.3 运输和储存

8.3.1 设备供应商应在交货前提供设备运输和储存的说明，并保证在此条件下设备的性能和质量不受影响。如果在运输、储存时不能保证规定的环境条件（温度和湿度等），设备供应商和用户应当就此达成专门的协议。

8.3.2 设备应适于陆运、水运（海运）或空运，运输和储存按照设备供应商提供的说明进行。

附 录 A
（资料性附录）
补偿电流量计算公式

A.1 无功补偿电流量计算

无功补偿电流量计算公式为

$$i_{\mathrm{Cq}} = \frac{P}{\sqrt{3}U_{\mathrm{N}}}(\tan\varphi_1 - \tan\varphi_2) \qquad (A.1)$$

式中：

φ_1 ——补偿前的基波功率因数角；
φ_2 ——补偿后的基波功率因数角；
P ——有功功率的 95%概率值；
U_{N} ——电网电压。

A.2 谐波补偿电流量计算

谐波补偿电流量计算以实际测量的结果为依据，包括了负载电流中总的谐波电流含量。若已知负载基波电流方均根值 i_{L} 和电流总谐波畸变率 THD_i ，那么谐波补偿电流量为

$$i_{\mathrm{Ch}} = i_{\mathrm{L}} \times THD_i \qquad (A.2)$$

式中：

i_{L} ——负载基波电流方均根值；
THD_i ——电流总谐波畸变率。

若已知各次谐波电流的大小 i_n ，那么谐波电流的补偿量为

$$i_{\mathrm{Ch}} = \sqrt{\sum_{n=2,3\cdots} i_n^2} \quad (n \leqslant 13) \qquad (A.3)$$

A.3 基波负序电流与零序电流补偿量计算

基波负序电流与零序电流的计算式

$$I_0 = \frac{1}{3}\left(i_{\mathrm{A}} + i_{\mathrm{B}} + i_{\mathrm{C}}\right) \qquad (A.4)$$

$$I_1 = \frac{1}{3}\left(i_{\mathrm{A}} + \alpha i_{\mathrm{B}} + \alpha^2 i_{\mathrm{C}}\right) \qquad (A.5)$$

$$I_2 = \frac{1}{3}\left(i_{\mathrm{A}} + \alpha^2 i_{\mathrm{B}} + \alpha i_{\mathrm{C}}\right) \qquad (A.6)$$

$$I_0' = \frac{1}{3}\left(i_{\mathrm{A}}' + i_{\mathrm{B}}' + i_{\mathrm{C}}'\right) \qquad (A.7)$$

$$I_1' = \frac{1}{3}\left(i_{\mathrm{A}}' + \alpha^2 i_{\mathrm{B}}' + \alpha i_{\mathrm{C}}'\right) \qquad (A.8)$$

$$I_2' = \frac{1}{3}\left(i_{\mathrm{A}}' + \alpha^2 i_{\mathrm{B}}' + \alpha i_{\mathrm{C}}'\right) \qquad (A.9)$$

零序电流补偿量为

$$i_{ne} = I_0 - I_0' \tag{A.10}$$

基波负序电流补偿量为

$$i_e = I_2 - I_2' \tag{A.11}$$

式中：

$\alpha = e^{-j\frac{2\pi}{3}}$；

i_A ——补偿前负载 A 相电流；

i_B ——补偿前负载 B 相电流；

i_C ——补偿前负载 C 相电流；

i_A' ——补偿后电网侧 A 相电流；

i_B' ——补偿后电网侧 B 相电流；

i_C' ——补偿后电网侧 C 相电流；

I_0 ——补偿前负载三相零序电流；

I_1 ——补偿前负载三相正序电流；

I_2 ——补偿前负载三相负序电流；

I_0' ——补偿后负载三相零序电流；

I_1' ——补偿后负载三相正序电流；

I_2' ——补偿后负载三相负序电流。

A.4 总补偿电流量计算

上述补偿电流量均为正交关系，当无功、谐波、三相不平衡、中性线都需要补偿时，总的补偿电流量计算方法如式（A.12）所示：

$$i_C^* = \sqrt{(i_{Cq})^2 + (i_{Ch})^2 + (i_{ne})^2 + (i_e)^2} \tag{A.12}$$

中 华 人 民 共 和 国

能 源 行 业 标 准

低压有源无功综合补偿装置

NB / T 41006 — 2014

*

中国电力出版社出版、发行

（北京市东城区北京站西街 19 号 100005 http://www.cepp.sgcc.com.cn）

北京九天众诚印刷有限公司印刷

*

2015 年 4 月第一版 2015 年 4 月北京第一次印刷

880 毫米×1230 毫米 16 开本 1.25 印张 35 千字

印数 0001—3000 册

*

统一书号 155123・2286 定价 **11.00** 元

中国电力出版社官方微信

掌上电力书屋